AF384144

MÉMOIRE

INSTRUCTIF

SUR

LA FABRIQUE, LES APPRÊTS,

DÉGRAISSAGE ET BLANCHISSAGE

DES BAYETTES

ET AUTRES LAINAGES ANGLOIS.

Par le Sieur HOLKER, Inspecteur général des Manufactures Étrangères.

A PARIS,

DE L'IMPRIMERIE ROYALE.

M. DCCLXIV.

MÉMOIRE.

Il seroit fort à desirer que l'on s'occupât d'une manière particulière dans les fabriques de France, de l'imitation des étoffes de laine étrangères : les Anglois en font de beaucoup d'espèces différentes, & l'exportation de leurs lainages fait l'objet d'un très - grand commerce.

Peut-être la principale cause qui empêche qu'on ne cherche à imiter en France ces étoffes étrangères, est le défaut d'une connoissance suffisante de la manière dont elles se fabriquent & s'apprêtent.

On a cru, par cette raison, se rendre utile en rassemblant dans ce Mémoire ce que l'on sait de la manière dont les Anglois fabriquent les *Bayettes*, les *Sempiternes* & les *Châloons;* ils font un commerce immense de ces trois sortes d'étoffes.

On s'y est porté d'autant plus volontiers, qu'il ne manque pas de laine en France très-propre à cet effet, & qu'on a vu avec satisfaction le succès d'essais de ces étoffes, faits récemment dans quelques fabriques du royaume, & singulièrement à Beauvais, en conséquence des mêmes instructions qu'on va donner.

A ij

Les *Bayettes* ne font autre chofe qu'une efpèce de Flanelle, les *Sempiternes* font une forte de Serge commune, & les *Châloons* une Serge plus fine.

On traitera de chacune de ces trois étoffes féparément, & on fuivra chaque partie du travail de l'étoffe jufqu'aux apprêts & au pliage.

On fera connoître auffi quels font les lieux où elles fe confomment.

DES BAYETTES.

Les Anglois fabriquent plufieurs efpèces de Bayettes, dont la confommation fe fait partie en Efpagne & dans les Colonies efpagnoles, & partie dans le Portugal. La plus commune s'appelle en efpagnol *Fajuella;* celle-ci fe confomme dans le royaume d'Efpagne. On en fabrique une autre forte qui s'appelle *Superfine de Lancafhire;* elle fe confomme auffi en Efpagne & dans les Colonies efpagnoles, & nommément à Santa-Fè, Santa-Martha, Carthagène des Indes, la Vera-Cruz, le Mexique, Honduras, Guatimala, la Havanne, Campèche & le Paraguai. Et une troifième efpèce, qui fe nomme *Bayette de Colchefter;* celle-ci eft bonne pour la confommation du Pérou, du Chili & de Buenos-ayres.

On obferve en général, que la chaîne de toutes les Bayettes doit être formée de laine peignée, & la trame de laine cardée, & qu'elles ne doivent point être fabriquées à deux étaims, parce qu'elles ne pourroient jamais être garnies de poil, & avoir au toucher la douceur qu'ont les Bayettes angloifes.

DES FAJUELLA.

La chaîne des Fajuella eft d'une laine longue, mais commune; elle ne doit pefer qu'entre fept à huit livres, pour que l'étoffe foit plus déliée, & afin de faciliter l'entrée de la trame qui eft filée à la fois groffe & torfe; la laine en eft longue & foyeufe.

La chaîne eft formée de quatorze cents quatre-vingt-quatre fils, ou cinquante-trois portées de vingt-huit fils, non compris les lifières ; elle doit être montée dans un rôt d'acier de foixante-quatorze pouces de large, de façon que l'étoffe forte du métier de trente-trois aunes ou trente-trois & demie de long, & qu'au retour du foulon, elle foit de foixante-deux ou foixante-quatre pouces de large, & de trente ou trente aunes & demie de long: la pièce doit pefer environ trente-deux livres après tous les apprêts.

La bonté des Fajuella confifte dans l'unité de l'étoffe, à laquelle on ne parviendra jamais, fi la trame n'eft pas filée par-tout de même fineffe, de même tors, & fi la laine eft différente en qualité.

Elle eft lanée d'un côté très-légèrement.

La balle eft compofée d'ordinaire de vingt-cinq pièces, dans les couleurs fuivantes :

SAVOIR,

Quatre pièces en Citron.	*Deux en* Vert-clair.
Six Vert-foncé.	*Deux* Blanc.
Quatre Rouge-de-garence.	*Sept en* Écarlate.

Le tout d'un bon teint.

La Fajuella fe vend d'ordinaire à Cadiz, en couleur commune, à raifon de dix-neuf à vingt ducats, qui étant évalués à cinq livres trois fous par ducat, font quatre-vingt-dix-fept livres dix-fept fous : en écarlatte, à vingt-trois & vingt-quatre ducats, qui font la fomme de cent dix-huit livres neuf fous.

Cette étoffe fe vend toujours en pièce, & ne fe confomme que dans le royaume d'Efpagne.

DES BAYETTES SUPERFINES
DE LANCASHIRE.

Les Bayettes fuperfines de Lancashire, font fabriquées dans les mêmes largeur & longueur que les précédentes, mais doivent pefer trente-fix livres.

Le nombre des fils en chaîne eft de deux mille cent quatre-vingt-quatre, ou foixante-dix-huit portées de vingt-huit fils chacune. Quoiqu'elle foit fine, elle ne doit pefer que fept à huit livres ; c'eft la fineffe de la chaîne qui forme le croifé & rend l'étoffe déliée.

Les laines qui doivent former la chaîne, ne peuvent être ni trop longues ni trop foyeufes, afin que malgré la fineffe du fil, il ait affez de force pour réfifter au tiffage.

La laine pour trame doit être très-foyeufe, & plus courte que celle pour chaîne; elle doit être filée très-fin & torfe, afin qu'elle entre bien dans la chaîne, & qu'elle donne un corps à l'étoffe fans la draper.

On obferve que les Anglois fe fervent, pour cet effet, de laines mortes, qu'on arrache des peaux dans le printemps; elles font beaucoup plus courtes, &, à ce qu'ils prétendent, prennent un blanc beaucoup plus parfait qu'aucune autre laine. On obferve auffi que cette laine de bête morte, dont l'ufage eft défendu en France, ne peut jamais avoir aucun mauvais effet, après les apprêts du blanchiffage.

On ne peut donner trop d'attention au choix des laines, foit pour chaîne, foit pour trame, afin que celle qu'on deftine pour chaque pièce, foit de la même qualité, filée égal, & également torfe par-tout; autrement l'étoffe fera un mauvais effet au foulage; car elle deviendra plus large dans un endroit que dans l'autre & fera toujours barrée.

Cette efpèce de Bayette doit être lanée d'un côté: le poil en doit être court, mais bien garni; ce qui eft facile à exécuter, en fe fervant de chardons morts.

L'envers doit être très-ras & d'une apparence croifée, quoique fabriquée à deux marches; l'on y parviendra facilement, en fuivant les obfervations.

Ces Bayettes fe vendent toujours en pièce : le prix eft (à Cadiz) de vingt-huit à vingt-neuf ducats, qui font cent quarante-quatre livres quatre fous de France : les couleurs fines, trente-deux ou trente-trois ducats.

On les teint en plufieurs couleurs, favoir, en Blanc, Citron, Vert, Bleu, Noir, Rofe, Cramoifi & Écarlate ; le tout en bon teint.

DES BAYETTES APPELÉES *COLCHESTER.*

Les Bayettes appelées *Colchefter*, font plus larges que les autres.

La chaîne eft formée de deux mille deux cents foixante-huit fils, ou quatre-vingt-une portées de vingt-huit fils chacune, dans un rôt de quatre-vingt-un pouces de large, fans compter les lifières : elles ne doivent pefer que huit livres à huit livres & demie.

La largeur, en venant du foulon, doit être de foixante-onze pouces ; la longueur, de trente ou trente-une aunes.

La laine pour chaîne doit être d'une belle qualité, & filée forte & fine, afin d'avoir la facilité d'employer une trame groffe & bien torfe.

La laine pour trame doit être courte, foyeufe & fans jars, pour fournir la quantité de poil que cette étoffe exige : car plus elle eft garnie, plus elle eft recherchée ; ce que l'on peut aifément exécuter, en fe fervant des matières de la qualité ci-deffus défignée.

Cette

Cette Bayette fe vend à l'aune : le prix eft, à Cadiz,
de quarante-cinq à quarante-fix piaftres de huit réaux;
c'eft-à-dire de cent foixante-huit livres quinze fous la
pièce ; en temps de guerre, le prix augmente de cinq
à fix piaftres.

Ces Bayettes ne font propres que pour le Pérou,
le Chili & Buenos-ayres.

Les balles font compofées de fept couleurs, favoir,
le Blanc, le Citron, le Vert, le Bleu, le Pourpre,
le Rofe & l'Écarlate.

On a envoyé à M.rs les Intendans & Infpecteurs des
Manufactures, des coupons de ces Bayettes, de la
largeur des pièces, avec des cartes d'échantillons des
différentes couleurs qui doivent former les balles,
telles que les Anglois en envoient pour la confommation de l'Efpagne & des Indes : fi l'on en a befoin,
on pourra s'adreffer à eux.

On obferve que les Anglois envoient tous les ans
des quantités immenfes de Bayettes en Portugal.

Il s'en fabrique de trois efpèces, qui ne diffèrent des
Fajuella & des Bayettes, dites de *Colchefter,* que par
le lanage, le foulage & le poids.

La *première efpèce,* qui eft extrêmement commune,
doit avoir une aune de large.

La *feconde,* qui eft fabriquée dans les mêmes compte
& largeur que les Fajuella, doit être beaucoup plus forte

& plus tiſſée que les Fajuella ; elle doit peſer au moins trente-huit à trente-neuf livres : le lainage en eſt aſſez commun & court, mais le filage en doit être très-tors, pour donner de la conſiſtance à l'étoffe ; elle ne doit avoir que cinq quarts de large au ſortir du foulon.

La *troiſième eſpèce* ſe fabrique dans les mêmes comptes & dans les mêmes longueur & largeur que les Bayettes de Colcheſter ; elle doit être cependant un peu plus foulée, & ne doit avoir au ſortir du foulon, que ſoixante-huit ou ſoixante-neuf pouces de large.

On obſervera que ces trois eſpèces de Bayettes ſont bien lanées des deux côtés.

OPÉRATION du lanage & du foulage des Bayettes ci-deſſus.

On fait d'abord dégorger la pièce au foulon, après quoi on la fait laner très-fort dans ſon eau d'un côté, avec des chardons morts ; enſuite on la fait repaſſer au foulon & fouler juſqu'à ce qu'elle revienne à ſa largeur.

Cette ſeconde opération de foulage fait recourber le poil, qui a été levé par le lanage.

On la fait enſuite laner de l'autre côté ; & on obſerve qu'elle ne ſauroit être trop garnie : on obſerve en outre que c'eſt le plus ou le moins de conſommation de ces eſpèces de Bayettes, qui en fait diminuer ou augmenter le prix.

De *la Laine qu'on emploie dans les Bayettes, en chaîne ou en trame.*

La laine de la chaîne doit être fine & longue, afin que le fil, quoique mince, conferve beaucoup de nerf.

La chaîne doit être de laine peignée : elle ne peut être trop forte ni trop légère ; elle ne doit pas pefer plus de fept à huit livres, excepté les Bayettes de Colchefter, qui ont trois portées de plus, font de fept pouces plus large, & que l'on peut augmenter de dix à douze onces ou plus, fuivant leur plus grande largeur.

On ne parvient point à donner ces qualités à une chaîne, fi la laine n'eft peignée avec le plus grand foin.

Avant d'employer la chaîne, les Anglois la font empefer dans fa graiffe, dans un bain de fept à huit bouteilles d'eau, où l'on a fait diffoudre une livre de colle-forte, & enfuite ils la font fécher fur une rame en plein air.

La laine de la trame eft plus courte, & on la carde.

Du DÉGRAISSAGE.

De la Laine cardée.

La laine que les Anglois emploient pour les Bayettes, Sempiternes & autres étoffes, après avoir été triée avec foin, eft dégraiffée dans un bain, compofé les trois quarts d'eau, & l'autre quart d'urine un peu plus que tiède; l'urine la plus fermentée eſt la meilleure.

Quand la laine a ſéjourné dans ce bain aſſez long temps pour que la graiſſe ſoit fondue, ce qu'on reconnoît quand elle n'eſt plus graſſe au toucher, on la remue fortement avec un râble de bois, après quoi on l'en retire; on la laiſſe égouter, & enſuite on la lave dans l'eau courante, & on la fait ſécher à l'ombre pour lui conſerver ſa douceur, car l'ardeur du ſoleil la rendroit dure; enfin on la bat ſur la claie, & on lui donne tous les autres apprêts d'uſage.

De la Laine peignée.

Après ces opérations, on paſſe la laine dans une eau de ſavon. Pour cet effet, on prend une demi-livre de ſavon blanc ordinaire, qu'on diſſout dans de l'eau au degré de chaleur que la main peut ſupporter; on met dans ce bain vingt livres de laine; on remue beaucoup la laine dans cette eau pendant environ un quart-d'heure, juſqu'à ce que l'on ſente que la laine eſt dégagée de ſa graiſſe; on retire la laine; on la tord pour en faire ſortir l'eau de ſavon dont elle s'eſt chargée; on jette l'eau de ſavon dans laquelle la laine a été lavée, & on remet les vingt livres de laine dans l'autre bain, compoſé de la même quantité d'eau & d'une livre de ſavon. On y remue de nouveau la laine comme dans le premier bain, on la retire, enſuite on la tord & on la fait ſécher à l'ombre; on ne jette point l'eau de ce fecond bain, elle fert de premier bain à vingt autres livres de laine ; & pour donner le fecond bain à ces nouvelles vingt livres de laine, on diffout une livre de favon dans une quantité d'eau fuffifante, qui fert enfuite de premier bain pour un troifième lot de vingt livres de laine, & ainfi de fuite.

Cette opération adoucit la laine & la rend plus facile à peigner, ce que l'on peut exécuter au fortir du bain.

On obferve que le dégraiffage des laines eft d'autant plus néceffaire, que fans cela il eft impoffible que les étoffes prennent la teinture & foient blanchies parfaitement.

Du PEIGNAGE.

La façon de peigner, des Anglois, eft la même que la nôtre, avec la différence que leurs peignes font plus fins ; ils ont une grande attention à choifir de bons Peigneurs, & ils font le plus fouvent peigner deux fois, afin d'avoir un fil plus net.

Ils font dans l'ufage, pour graiffer la laine qu'on peigne, de fe fervir, au lieu d'huile, de vieux beurre falé ; ils en prennent une livre par fix livres de laine : ils prétendent que quand la laine a été graiffée avec le vieux beurre falé, l'étoffe fe dégraiffe plus facilement au foulon que fi on s'étoit fervi d'huile.

Le beurre le plus vieux, le plus rance & le plus falé, eft celui dont ils font le plus de cas.

Du CARDAGE.

La perfection du cardage décide de celle de la filature de la trame.

Les cardes angloifes ont les dents plus fines que celles de France, & ces dents font moins fixes dans le cuir qui les affujétit, & plus flexibles, elles déchirent moins la laine & en rangent mieux les poils.

Ces cardes paroiffent préférables à celles de France; les fieurs Marchand frères, à Rouen, fabriquent de ces cardes angloifes, on peut s'adreffer à eux pour en acheter.

Du FILAGE de la chaîne.

Les Anglois filent au grand rouet les laines peignées deftinées pour les chaînes; la filature faite avec ces rouets, en eft plus foyeufe & plus forte, & la fileufe fait plus d'ouvrage dans le même efpace de temps.

Ils ne filent les chaînes à rouet à la quenouille, que pour les étoffes sèches, telles que les Baracans & Camelots, dont le mérite eft d'être garnies d'un petit duvet, & d'être dures au toucher.

Le grand rouet anglois, ou rouet à loquette, eft monté fur un feul point d'appui bien fixe, traverfé par un axe horizontal, fur lequel la roue tourne aifément, au moyen d'un coup de main appliqué fur un des rayons.

La roue doit porter un diamètre relatif au degré de fineffe de la filature ; deux pieds dix pouces de diamètre paroiffent convenables pour le rouet à filer à la loquette la laine peignée : il faut que l'arbre qui porte la broche foit diftant de la roue d'un pied dix pouces ; fi le Fileur eft affis, ou enfant, il faut diminuer cette diftance à proportion ; & fuivant qu'on filera debout ou affis, ou que le Fileur fera grand ou petit, le rouet fera monté fur des pieds plus hauts ou plus bas.

La broche doit être de bois , & proportionnée à la fineffe & au tors qu'on veut donner au fil ; d'ailleurs la noix doit porter trois différentes grandeurs ou diamètres, & l'on effaye celle qui convient le mieux pour donner au fil le degré de tors jugé néceffaire ; c'eft-à-dire que fi la fileufe tord trop fon fil, on mettra la corde du rouet dans la noix la plus grande ; & de même, fi elle ne le tord pas affez, on la mettra dans la noix moyenne, ou dans la plus petite.

Il faut obferver que la laine deftinée pour la chaîne doit être filée avec la corde croifée, à la différence de la trame ; & c'eft ce qui contribue à donner à l'envers des Bayettes l'air croifé dont on a déjà parlé.

Du filage de la trame.

La laine de la trame qui, comme on l'a dit, eft cardée, fe file avec des rouets de même efpèce que ceux dont on vient de dire qu'on faifoit ufage pour la.

chaîne, excepté que, fuivant qu'on veut que le fil foit plus ou moins gros, la roue du rouet a plus ou moins de diamètre.

On donne d'ordinaire trois pieds trois pouces de diamètre aux roues des rouets qui fervent à filer les trames des Bayettes.

La filature de la trame fe fait à corde ouverte.

La trame, pour les Bayettes qu'on deftine à être lanées à longs poils, demande une laine plus courte, ainfi qu'une filature plus groffe & un peu moins torfe, pour venir au poids, à la qualité de l'étoffe & à la quantité de poils qu'elle exige; car plus ces fortes de Bayettes font garnies, plus elles font recherchées, & il faut que la trame foit toujours employée mouillée.

Quant aux Bayettes Superfines de Lancashire, qui ne font point tirées à poils fi longs, la laine de la trame doit être foyeufe, courte & bien torfe, pour parvenir au degré de lanage que cette étoffe exige.

Elle doit être auffi plus cardée, parce que cela donne plus de folidité à l'étoffe, & le moyen de filer un fil plus fin; mais les unes & les autres doivent être fabriquées de telle forte, que l'envers en paroiffe croifé, quoiqu'elles foient fimplement fabriquées en toile: la légèreté de la chaîne & le tors de la trame contribuent à cette apparence de croifé; fi cette chaîne eft trop chargée, l'étoffe fe trouve gorgée, & reffemble plutôt

à une

à une Flanelle qu'à une Bayette, ce qui lui fait perdre la vente en Espagne.

On doit éviter l'usage des laines chargées de poils jars.

Du TRAMAGE ou BOBINAGE.

Il y a une observation à faire sur le tramage.

Il faut se servir d'un rouet d'une forme semblable à celui dont on a conseillé l'usage pour filer la trame, mais qui soit plus petit & dont la broche soit plus courte.

En se servant d'un de ces rouets, si le fil casse, on peut en présenter les deux bouts à la pointe de la broche & les réunir par un petit tors, qui dispense de faire un nœud.

Les nœuds produisent des imperfections dans l'étoffe, on ne peut trop éviter d'en faire.

Du TISSAGE avec la navette angloise, & des avantages de cette navette.

Lorsqu'on aura observé, pour la chaîne, tout ce qui vient d'être indiqué, on aura une chaîne assez forte pour qu'il se casse peu de fils par le tissage, & par conséquent il y aura peu de planchers ou fils courans, & le Tisseur épargnera le temps, qu'il perd souvent à ramasser les fils qui cassent.

On sent la nécessité de monter avec soin la chaîne sur

C

l'enfuple, de manière qu'elle ne forme point de fillons & que tous les fils foient également tendus dans le travail.

La différence du tiffage anglois au tiffage françois, confifte dans celle de la navette; & ces navettes exigent une difpofition différente dans le métier.

Il faut que le métier foit monté bien carrément, avec un bon enfuple; la chaffe doit être forte & légèrement fufpendue, fans quoi elle battra à faux, fatiguera l'Ouvrier & caffera beaucoup de fils: fi les chaffes font trop légères, en mettant au-deffous une barre de fer de même longueur, on donnera plus de poids aux chaffes, & par conféquent beaucoup plus d'aifance au Tifferand pour faire fon étoffe plus ou moins forte, comme bon lui femblera.

On ne fera point ici la defcription de la navette angloife, elle doit être connue dans les différentes provinces: il en a été envoyé, il y a quelques années, dans toutes les généralités.

Il y a plufieurs raifons qui doivent engager à la préférer.

1.° L'on peut charger fon tuyau de quatre ou cinq fois plus de trame, ce qui épargne d'autant les nœuds; & comme le fil fe tord un peu lorfqu'il s'échappe de deffus le tuyau de la navette, il eft beaucoup moins fujet à caffer, & il débite la trame plus également.

2.° Sa conftruction ménage les fils de la chaîne, qui caffent fouvent avec la navette ordinaire.

3.° Un feul homme peut, avec la navetté angloife, fabriquer en trois jours & demi ou quatre jours, une pièce de Bayette de baffe qualité de trente-trois aunes, que deux Ouvriers auroient peine à finir en cinq jours avec la navette françoife; encore arrive-t-il fouvent que cette dernière pièce eft défectueufe, en ce que ces deux Tifferands frappent rarement avec égalité : d'ailleurs, fi l'un des deux ne veut ou ne peut pas travailler, l'ouvrage eft interrompu.

L'on ne peut donc affez recommander l'ufage de la navette angloife, qui procure une économie de plus de quarante pour cent dans le prix de la main-d'œuvre, fans compter l'avantage relatif à la qualité de l'étoffe, qui ne peut jamais être parfaite fans cet inftrument.

Ces confidérations ont engagé les Fabricans de différens endroits, à adopter la navette angloife quand ils l'ont connue.

On pourra s'adreffer à M. HOLKER, Infpecteur général des Manufactures étrangères, à Rouen, pour avoir des navettes angloifes; & il donnera les inftructions fur la manière de monter les métiers à l'ufage de cette navette, on pourra envoyer des modèles de métier.

On peut encore s'adreffer à *Moni* près Beauvais, où il y a un Ouvrier qui fait des navettes à l'angloife.

MANIÈRE d'ôter les jars ou poils morts.

Si, malgré le choix des laines, les Bayettes avoient encore des poils jareux (& ce défaut eſt un de ceux qui leur font le plus de tôrt pour la vente), il faudroit brûler ces jars à l'eſprit-de-vin, quand la pièce ſort du métier, ou eſt à moitié foulée.

M. Holker a inventé cette machine, il y a déjà quelques années; il en a même envoyé des modèles dans pluſieurs généralités : on s'en ſert aĉtuellement pour les Bayettes & autres étoffes de laine, avec ſuccès : céux qui en ignorent l'uſage pourroient lui en demander des modèles.

Cette opération ne dure que quelques minutes, & ne coûte pas plus de ſix ſous par pièce de Bayette.

On obſerve qu'on peut mettre en uſage ce procédé pour toutes les eſpèces d'étoffes teintes ou non teintes, pourvu que l'on paſſe les étoffes teintes dans un bain d'eau tiède, pour ôter ce qui peut reſter de poils brûlés après l'opération.

Du FOULAGE, ou plutôt DÉGRAISSAGE des Bayettes.

La pièce de Bayette doit, au ſortir du métier, être pincée des deux côtés; & enſuite envoyée au foulon, pour être dégorgée ou foulée à moitié; après quoi on la fait laner chargée d'eau, avec le chardon mort, pour ìever la quantité de poil que le cas exige, relativement à la qualité de la pièce.

Enfuite on la renvoie au Foulon pour achever le foulage, en obfervant de la tirer de l'auge & de bien ouvrir les lifières de temps en temps, pour conferver l'égalité de fa largeur. Si l'on employoit le chardon vif, on rifqueroit de dégrader l'étoffe dans fa qualité, & le poil qui deviendroit trop long, la feroit plutôt reffembler à une Couverture qu'à une Bayette.

Cette opération, pour les Bayettes, Chaloons & autres étoffes qui n'ont befoin que d'être foulées très-légèrement, eft pratiquée en Angleterre de la manière fuivante :

Le Foulon ramaffe de l'urine, qu'il met dans des tonneaux pofés en terre pour la laiffer corrompre; on y mêle des crottes de cochon, & on remue bien le tout enfemble avant de s'en fervir : les crottes de cochon rendent l'urine plus forte; on y en mêle à peu près un trentième du volume d'urine : on peut cependant s'en paffer en mettant une plus grande quantité d'urine.

Les Bayettes & Sempiternes font bien afpergées, la veille du foulage, avec cette urine d'un bout de la pièce à l'autre, roulées enfuite pièce par pièce, & mifes en pile.

Cette opération leur donne une grande fermentation, & la pièce s'échauffe au point que la main en fupporteroit à peine la chaleur; par ce moyen la graiffe fe trouve presque détachée, & l'étoffe se foule plus aisément.

L'on met les pièces dans l'auge, en jetant peu à peu quatre à cinq seaux d'urine; & quand elles sont assez dégraissées, on leur donne une eau blanche (c'est-à-dire de la terre grasse mêlée avec de l'eau) pour faire dégorger la graisse qui pourroit être restée, & ôter l'odeur de l'urine.

Il seroit à souhaiter que tous les Foulons voulussent se servir de cette méthode; ils dégraisseroient beaucoup mieux leurs étoffes, & en moins de temps, & elles prendroient infiniment mieux la couleur.

De la TEINTURE.

Il faut que le Teinturier s'applique particulièrement à l'éclat des couleurs, & qu'il imite exactement celle des échantillons donnés; car la couleur est ce qui saisit l'acheteur au premier coup-d'œil, & la supériorité même de la fabrication ne compense point l'imperfection de la teinture. Une des choses qui contribuent le plus à avoir de belles couleurs, c'est le parfait dégraissage, tant de la laine avant de la peigner ou carder, que de l'étoffe quand elle est fabriquée.

Les Anglois passent leurs étoffes de laine pour Bleu-de-roi, dans un bain d'Orseille, ou d'une drogue qui lui ressemble, que l'on appelle *Condbear*, laquelle donne au Bleu beaucoup de vivacité & d'éclat, & même en diminue les frais.

Ceux qui voudront faire des effais du **Condbear**, pourront s'adreffer à M. HOLKER.

Par l'examen que l'on a fait de tous les échantillons venus d'Efpagne, il ne s'en eft trouvé que deux en faux teint, dont un couleur de chair, & l'autre pourpre.

On paye à Londres, pour la teinture des Bayettes en couleurs ordinaires, comme le Jaune, ditto foncé, ditto pâle, Vert clair & foncé, Bleu célefte & foncé, Écorces d'amandes, Pourpre & Blanc, fept fchellings, qui font, en évaluant le fchelling à vingt-deux fous fix deniers. . . . . 7^l 17^f 6^d

Le Noir, quatorze fchellings . . . . 1 5. 1 5. 0.

Le Rofe, vingt fchellings. . . . . . 22. 10. 0.

Le Cramoifi, trente fchellings . . . 33. 1 5. 0.

L'Écarlate, quarante fchellings . . . 45. 0. 0.

Nota. Ce prix eft pour les Bayettes de Colchefter, qui pèfent dix livres de plus que les autres Bayettes.

On obferve que le noir coûteroit quatorze fchellings, parce que les Teinturiers ont un règlement qui les oblige à garencer & teindre en bleu les Bayettes deftinées à être teintes en noir, avant que de leur donner cette couleur ; à chaque opération, le Teinturier eft obligé d'attacher un plomb à la pièce, de forte que s'il fait teindre une pièce de Bayette en noir avant de l'avoir garancée & teinte en bleu, elle eft confifquée,

& il eſt en outre condamné à dix livres ſterlings d'amende par chaque pièce.

Quoique le règlement anglois ſoit ſi ſévère, on ne voit pas la néceſſité d'exiger la même opération en France; car ſi on donne à la pièce de Bayette un bleu-foncé, cela doit ſuffire, ſans la garancer.

Il eſt vrai que toutes les Bayettes en Noir ne ſervant que pour habits d'hommes ou capotes de femmes, & la chaleur étant aux Indes eſpagnoles beaucoup plus grande qu'ici, on ne peut, pour celles qui y doivent être conſommées, donner au noir trop de ſolidité.

Des *RAMES*.

Toutes les Bayettes doivent être ramées en ſortant de la main du Teinturier ou de celle du Blanchiſſeur, ſans cela la pièce ne viendroit jamais à ſa largeur égale.

Toutes les étoffes de laine en Angleterre ſont ramées par les Foulons; ils ont tous pour cet effet des rames à leur diſpoſition. Il ſeroit à ſouhaiter qu'il en fût de même avec les nôtres; car une pièce ſéchée ſur la rame au ſortir du foulon, doit mieux ſoutenir ſa largeur que ſi elle étoit ſéchée auparavant d'être ramée. Les Teinturiers & les Apprêteurs ont également des rames.

MANIÈRE

MANIÈRE de donner le Blanc aux étoffes de laine.

Il y a trois opérations,

La *première*, celle de l'eau de favon, & du travail
dans le baquet.

La *deuxième*, celle de la chaudière, & de l'eau bleue.

La *troifième*, celle de l'étuve, & du foufrage.

Opération de l'eau de favon, & du travail du baquet.

Auffitôt après que les étoffes ont été foulées, on
les retire & on les fait fécher ; enfuite on les nétoie,
l'une après l'autre, dans une eau de favon blanc, que
l'on difpofe dans une cuve faite exprès.

On obferve qu'il faut qu'il y ait une affez grande
quantité d'eau pour que l'étoffe foit entièrement noyée,
& qu'il faut que l'eau foit très-chaude ; on peut lui
donner toute la chaleur poffible, pourvu que le favon
ne tourne pas.

Il faut trois onces de favon blanc par livre de laine,
& une fuffifante quantité d'eau chaude, de forte que pour
une pièce de Bayette du poids de trente-deux livres, il
faudra fix livres de favon & environ dix-huit feaux d'eau
chaude ; & le favon doit être diffous dans l'eau chaude.

Cette eau de favon ainfi faite, on mettra la pièce de
Bayette dans un baquet à piler que l'on aura fait
conftruire à cet effet dans la forme qui fera ci-après
indiquée ; on jetera fur cette pièce de Bayette fept à

D

huit feaux de l'eau de favon dont on vient de parler, qui fera bien chaude, & on pilera la pièce pendant l'efpace de douze à quinze minutes feulement.

Quand le favon mouffe fortement, c'eft une marque certaine que la pièce fe dégraiffe bien.

On obferve ici, que fi avant le premier bain de favon, on s'apercevoit que la pièce n'eût pas été bien dégraiffée au foulon, il faudroit, en ce cas, ajouter à ce premier bain deux ou trois chopines de vieille urine, pour faire fortir la graiffe plus facilement.

On répète cette opération trois fois pour chaque pièce: on met la deuxième fois fix autres feaux d'eau de favon, & à la troifième cinq, & à chaque fois on retire la pièce, & on la pofe fur un chevalet de bois, pour la faire égouter.

Après chaque opération, il faut jeter l'eau qu'on a mife dans le baquet.

Defcription du baquet & du pilon.

Ce baquet doit avoir trois pieds de profondeur, fur onze pouces dans le fond pour la largeur, & trente-fept à trente-huit pouces dans l'ouverture auffi de large, & le fond en doit être *concave*.

On l'enfonce d'environ dix à douze pouces en terre, pour le rendre plus folide; & afin que la pièce tourne plus facilement dans le baquet, on l'incline un peu du côté de l'homme qui fera agir le pilon.

Ce pilon eſt compoſé dans le bas d'un maſſif de bois de chêne très-uni, long de douze pouces, & épais de quatre pouces & demi, avec trois rainures d'un côté, d'un pouce de large à peu près, ſemblables à celles des maillets des moulins à foulon, & dans le milieu eſt une traverſe, aux deux côtés de laquelle ſont deux tenons qui ſervent à la faire agir.

Il eſt attaché par le haut avec une corde à deux longues gaules, qui, au moyen d'un point d'appui, qu'on leur donne en les clouant ſur un morceau de bois en travers, à environ trois pieds de l'endroit où elles ſont ſolidement attachées à demeure, acquièrent une élaſticité qui donne beaucoup de facilité à l'homme qui le fait mouvoir.

Le morceau de bois ſur lequel on cloue les gaules, eſt attaché par les deux extrémités ainſi qu'il ſe pratique ſur les métiers des Tourneurs.

Il faut que le pilon ſoit poſé de façon qu'il tombe perpendiculairement ſur le bord du baquet.

Il faut auſſi que l'homme qui le fait agir, ait l'attention de frapper toujours dans le baquet, ſur le côté qui eſt le plus proche de lui, c'eſt-à-dire, de conduire le pilon en effleurant les douves qui excèdent le bord du baquet, & de le tenir en telle poſition, que le côté des rainures, ſoit tourné vers le centre du baquet, parce que par ce moyen l'étoffe eſt forcée de tourner dans le fond du baquet, & ſe trouve parfaitement imprégnée de ſavon.

Pour plus grand éclaircissement, on aura recours aux figures de ce baquet & de ce pilon, qui font à la fin de ce Mémoire.

Après que la pièce d'étoffe a été ainsi pilée à trois reprises différentes, & qu'elle est bien égoutée, on la fait passer à la chaudière.

Opération de la chaudière, & de l'eau-bleue.

On met dans une chaudière trente-six seaux d'eau de rivière, que l'on fait chauffer au degré de chaleur un peu plus que tiède ; on verse dans cette eau cinq à six onces de savon blanc bien diffous dans un demi-seau d'eau chaude, & on mêle bien le tout.

Il ne faut pas diminuer la quantité de savon, parce qu'autrement, lorsqu'on viendroit à mettre l'indigo, l'écume deviendroit noire & tacheroit l'étoffe.

On tourne d'abord la pièce autour d'un mouli et posé exprès au-dessus de la chaudière ; on la jette ensuite dans l'eau de savon qui est dans la chaudière, & après l'y avoir fait passer deux ou trois tours, on la relève sur le moulinet ; on jette ensuite dans la chaudière une chopine de l'eau-bleue dont on indiquera ci-après la composition, on mêle bien le tout avec un rabot pour que la couleur soit égale ; on remet la pièce dans la chaudière, & on l'y tient toujours enfoncée autant que l'on peut ; ensuite on lui donne dix à douze tours de moulinet, jusqu'à ce que l'on remarque que la pièce a perdu fa couleur jaunâtre, & qu'elle eſt unie par-tout.

Il faut obferver de ne pas mettre trop de bleu, pour ne pas nuire à la clarté de l'étoffe.

Compoſition de l'eau-bleue.

L'eau-bleue fe fait dans un petit baquet, de la conti-nance d'environ trois feaux d'eau, & on le remplit; puis on broie exactement deux onces d'indigo de la première qualité, que l'on met dans un morceau de toile de lin un peu ferrée, & on en fait un petit paquet que l'on lie le plus ferré qu'il eſt poſſible, afin que l'indigo ne s'échappe pas : on fait tremper dans l'eau cet indigo, ainſi enfermé dans le linge, & on le preſſe modérément avec la main, pour en exprimer toute la couleur. Il eſt aiſé, par ce moyen, d'avoir toutes les nuances poſſibles des différens blancs.

On obferve que l'on ne peut employer de trop beau bleu.

Lorſque la pièce d'étoffe a ainſi paſſé à la chaudière, on l'en retire & on la ploie, dans toute fa largeur, fur le chevalet, pour la faire bien égouter : enfuite on la fait paſſer à l'étuve.

On obferve que la même eau de favon, de la chau-dière, peut fervir pour donner le bleu à cinq à ſix autres pièces, l'une après l'autre, en uſant des mêmes procédés pour chaque pièce, & en renouvelant la même quantité d'eau-bleuë, parce que l'eau revient dans son premier blanc.

Defcription de l'étuve.

L'étuve fert à foufrer les étoffes.

Elle doit être bâtie en briques, ou en pierres, ou en plâtre, & doit avoir onze pieds & demi de longueur, fur environ huit pieds & demi de largeur; il faut qu'elle foit bien plâtrée en dedans, afin que le foufre ne puiffe tranfpirer.

On placera à côté de la porte de l'étuve, une efpèce de petite cuve de fer battu, de la continance d'environ trois pintes : on ne propofe pas de fe fervir d'une cuve de fonte, parce que cette matière eft fujette à couler, lorfque le feu du fourneau eft trop violent.

Dans le haut de l'étuve, c'eft-à-dire à fix pieds du rez de chauffée, il faut pofer horizontalement un ratelier, compofé de traverfes de bois d'aune bien arrondies, & qui occupent toute la largeur de l'étuve : ces traverfes doivent être à un pouce & demi de diftance les unes des autres; elles font deftinées à recevoir les étoffes que l'on veut foufrer.

On pourroit encore, au lieu du ratelier, mettre à la même hauteur deux barres de bois de chêne, l'une defquelles feroit fixée contre le mur de l'étuve, & l'autre mobile, pour fervir de largeurs aux étoffes diffé-rentes; on poferoit fur chacune de ces barres, à un pouce de diftance l'une de l'autre, des efpèces de crochets ou arêts de bois, de la groffeur d'une plume à écrire, pointus par le bout, pour accrocher la lifière des étoffes d'un côté & de l'autre : il faut que ces barres occupent, de chaque côté, la longueur de l'étuve; il faut auffi fe garder de faire ufage des crochets ou arêts de fer, parce qu'ils fe rouilleroient, & tacheroient infailliblement l'étoffe.

Opération de l'étuve.

Premièrement, on arrange bien les pièces d'étoffes dans l'étuve, & on peut y en faire paffer cinq ou fix à la fois: enfuite on met, dans la petite cuve du fourneau, deux livres de foufre, que l'on allume; fitôt qu'il eft allumé, on ferme fi exactement la porte de l'étuve, qu'aucune vapeur n'en puiffe tranfpirer : on entretient un bon feu dans le fourneau pendant deux heures.; on laiffe ces pièces d'étoffe, ainfi au foufre, pendant douze heures, & il faut bien fe garder d'ouvrir, pendant tout ce temps, la porte de l'étuve, fous quelque prétexte que ce puiffe être, autrement on s'expoferoit à manquer l'opération.

Il faut remarquer que toutes les opérations ci-deffus ne fervent qu'à faire le blanc naturel; mais s'il faut un blanc plus bleu, voici ce qu'il faudra faire.

On aura une chaudière ou un baquet, de la conti-nance de quarante feaux d'eau, que l'on emplira; l'eau de fource eft préférable, parce qu'elle eft plus crûe & plus aftringente, qu'elle contribue à fixer le favon, & à empêcher le foufre de produire un mauvais effet, qui arrive fouvent lorfqu'on fe fert d'autre eau.

On prendra la pièce, en fortant de l'étuve, & on la fera paffer, pendant un quart-d'heure, dans cette eau de fource, jufqu'à ce qu'elle foit parfaitement imbibée; après quoi on la montera fur le moulinet; enfuite on verfera doucement, dans le baquet, un feau d'eau, dans laquelle on aura délayé d'avance deux livres de blanc d'Efpagne, & on aura foin de ne point verfer le marc: on remuera l'eau de blanc d'Efpagne & l'eau du baquet, avec un rabot, pour les bien mélanger: on remettra la pièce dans le baquet; on lui fera faire quatre ou cinq tours dans cette eau; on la montera encore fur le moulinet: on verfera dans le baquet environ deux tiers de pinte d'eau-bleue, que l'on mêlera; on remettra la pièce de nouveau dans le baquet, & on lui fera faire dix à douze tours entiers fur le moulinet.

Si l'on remarque que la pièce ne foit pas auffi bleue que l'échantillon, on y remettra un peu de la même eau-bleue; & alors il faudra, de nouveau, faire faire à la pièce dix à douze tours fur le moulinet.

La pièce retirée & égoutée, on la ploie fur le chevalet; on la remet à l'étuve, & on la foufre une feconde fois; mais on met un peu moins de foufre que la première fois.

Si

Si, au fortir de l'étuve, on s'aperçoit que l'étoffe foit un peu dure à la main, il ne s'agit, pour lui rendre fa douceur naturelle, & lui faire paffer l'odeur du foufre, que de la faire tremper dans de l'eau tiède, dans laquelle on aura diffous quatre à cinq onces de favon : cette eau peut fervir pour plufieurs pièces l'une après l'autre.

On obferve que la cuve, pour l'eau de favon, peut être faite pour la contenance de quarante ou quarante-deux feaux d'eau, fans toutefois qu'on puiffe y mettre une plus grande quantité d'eau que celle ci-deffus fixée pour chaque pièce de Bayette ; on ne confeille de donner cette plus grande capacité à la cuve, que pour procurer plus d'aifance à l'ouvrier, pour tourner & retourner fes pièces fans diminuer le volume d'eau.

On obferve que dans cette cuve, de la contenance de quarante à quarante-deux feaux d'eau, on ne peut y blanchir à la fois qu'une pièce de Bayette ; mais on peut y blanchir deux ou trois pièces d'autres étoffes, en obfervant les proportions pour l'eau & pour le favon : plus l'étoffe fera dégraiffée au foulon, plus facilement elle deviendra blanche ; de forte que fi l'étoffe eft chargée de graiffe au fortir du foulon, il faudra indifpenfablement augmenter la dofe du favon, parce que les opérations ne produiroient pas leur effet ordinaire, & qu'il ne faut jamais hafarder de foufrer les pièces avant d'être favonnées, parce que le foufre fixe la graiffe, & empêche le favon de fe diffoudre.

E

Ces opérations ont été exécutées fur les Bayettes, & fur plufieurs autres étoffes, avec tous les applaudiffemens des Magiftrats, Marchands & Fabricans de la ville de Beauvais.

Du PLIAGE & EMBALLAGE des Bayettes.

Toutes les Bayettes qu'on deftine pour l'Efpagne ou pour le Portugal, n'ont pas befoin d'un pliage autre que celui de nos Draps; mais celles qui font envoyées à Cadiz, pour les Indes efpagnoles, doivent être pliées en double fur leur longueur, l'endroit de l'étoffe en dedans, & enfuite à la baguette fur leur largeur, de manière que chaque pli n'ait que huit à neuf pouces de large, fuivant l'ufage pratiqué généralement pour les Velours & autres étoffes.

Les Anglois pofent d'abord leurs Bayettes fur deux bandes de toile forte, large de fept à huit pouces, & de longueur fuffifante pour atteindre à moitié de la hauteur.

Quand la pièce eft pliée, ils la couvrent de deux bandes pareilles & correfpondantes à celles d'en-bas; ils la preffent enfuite, jufqu'à ce que la pièce devienne dure comme une planche, & alors ils coufent enfemble les bandes de toiles fupérieures & inférieures, lefquelles forment un frein ou fangle, qui empêche la pièce de fe déranger lorfqu'elle n'eft plus fous la preffe.

Ils mettent enfuite, fur le tablier de la preffe, un

morceau de toile de grandeur fuffifante pour couvrir en tous fens, moitié de la pièce ; ils pofent fur cette toile du papier blanc d'enveloppe, fur lequel ils mettent leur pièce de Bayette, & recouvrent de même, de papier & toile, la partie fupérieure ; ils ferrent la preffe, & coufent, bien ferré, les deux toiles tout à l'entour, fur le milieu de la tranche de la pièce, dont ils laiffent fortir une bande de fept à huit pouces de longueur fur trois de large, avec un plomb doré frappé aux armes de Londres : il en coûte à Londres, pour ce pliage, preffage & emballage, quatre livres fix fous par pièce, y compris l'emballage de vingt-cinq pièces afforties.

C'eft de la réunion de vingt-cinq de ces pièces que l'on compofe une balle d'affortimens, laquelle on couvre de toile, paille & corde, comme tous les emballages ordinaires ; on y ajoute deux cartes d'échantillons, des couleurs & qualités qui compofent la balle.

Les Bayettes deftinées pour la confommation d'Ef-pagne, font feulement emballées comme nos Draps, en papier & toile, pièce à pièce, dont on laiffe auffi fortir une bande & un plomb ; tout autre emballage ne ferviroit qu'à augmenter les frais : on forme, comme ci-deffus, une balle de vingt-cinq pièces, avec deux cartes d'échantillons.

Ces marchandifes font prefque toujours vendues fur la bonne foi, fans ouvrir la balle ; on écrit ordinai-rement, fur l'emballage extérieur, *Bayettes fuperfines de Colchefter,* de quarante-une à quarante-deux varès, fuivant leur aunage.

Si le pliage & l'emballage ne paroiffoient pas fuffi-famment expliqués, le fieur Holker en donneroit des modèles.

DES SEMPITERNES.

IL fe fabrique en Angleterre plufieurs efpèces de Sempiternes; celles dont on va donner le détail font les plus recherchées : cette étoffe fe confomme en Efpagne, au Pérou, au Chili, à Buenos-ayres, dans le royaume de Santa-Fè, à Santa-Martha, à Carthagène des Indes, à la Vera-Cruz, au Mexique, à Honduras, à Guatimala, à Campèche & à la Raguès. C'eft la couleur & la qualité de ces étoffes, qui en déterminent le commerce dans ces différens pays.

Celles qui fe confomment dans le Pérou, au Chili & à Buenos-ayres font de couleur Pied-d'ardoife & Bleu, ni trop clair ni trop foncé.

Celles qu'on envoie en Efpagne font de couleurs Bleue, Rouge-de-garence, Brune, Noire, Orange & Vert-foncé.

Celles qui s'expédient pour le royaume de Santa-Fè, à Santa-Martha & à Carthagène des Indes, font de couleurs Bleue, Rouge-de-garence & Vert.

Enfin celles qui font en ufage à la Vera-Cruz, au Mexique, à Honduras, à Guatimala, à Campèche &

à la Raguès, font de couleur Vert - clair & Bleu. On paye en Angleterre, pour la teinture, quatre fchellings par pièce, ce qui fait quatre livres dix fous.

Les Sempiternes fe vendent, à Cadiz, dix piaftres à dix piaftres & demie de huit réaux, qui, à trois livres quinze fous la piaftre, font trente-neuf livres fept fous fix deniers la pièce.

On verra, par les cartes d'échantillons qui ont été envoyés à M.ʳˢ les Intendans & aux Infpecteurs, le nombre de pièces, de chaque couleur, dont doivent être compofées les balles que l'on envoie dans ces différens pays : la balle eft toujours de feize pièces.

Si M.ʳˢ les Intendans & les Infpecteurs n'avoient plus de ces échantillons, on pourra en demander à M. le Contrôleur général.

Les pièces doivent avoir, fans la lifière, douze cents foixante fils en chaîne, diftribués en quarante - cinq portées de vingt - huit fils chacune, dans un rôt de trente-trois pouces de large.

Le tiffu en eft croifé, & fe fabrique à quatre marches.

Elles ne doivent être tirées à poil d'aucun côté.

On emploie, dans la chaîne, une laine peignée & filée, comme celle des Bayettes.

On peut fe fervir de bons peignons pour la trame, ou de telle laine qu'on juge à propos, en ayant la précaution de brûler les poils jars.

E iij

La trame doit être, ainſi que celle des Bayettes, de laine cardée: on la file un peu torſe, pour l'empêcher de draper.

La chaîne doit être de vingt-deux aunes & demie de longueur, & peſer trois livres & demie à quatre livres en gras, pour revenir du foulage à dix-neuf aunes & demie.

La largeur des Sempiternes doit être de trente pouces après les apprêts: il eſt eſſentiel qu'elles maintiennent cette largeur dans toute la longueur de la pièce, & elles ne peuvent la conſerver qu'autant que la filature eſt égale & également torſe.

La même machine que l'on a indiquée pour ôter le poil jar des Bayettes, peut ſervir pour les Sempiternes.

On obſerve que plus on battra la laine ſur la claie, & plus on diminuera le nombre des poils jars: ce n'eſt qu'après cette dernière opération que l'on doit faire paſſer à la teinture les Sempiternes, & toutes les étoffes en général où il peut ſe trouver des poils jars, parce que la teinture ne prend point ſur les poils jars.

Il faut, au ſortir de la teinture, paſſer les Sempiternes à la rame, afin de les ramener à leur largeur.

On les apprête enſuite à la preſſe chaude, pièce à pièce: cette opération donne beaucoup de luſtre & de fermeté à l'étoffe, qui reſte cependant douce au toucher, parce que dans l'opération de la preffe chaude, on ne fait ufage d'aucune efpèce de gomme ni de colle.

On fait pefer, à Cadiz, toutes les Sempiternes pièce à pièce ; celles qui pèfent entre douze à treize livres font les plus recherchées ; on en fait une confommation immenfe, & l'on ne doit rien épargner pour attraper la qualité & les apprêts comme les Anglois.

On ne peut trop recommander, à ceux qui font le commerce du dehors, de ne rien négliger pour donner aux étoffes les apprêts convenables ; ce n'eft fouvent que par la beauté de ces apprêts, que l'on en trouve le débouché ; les Anglois, qui en font naturellement curieux, mettent tout en ufage pour procurer un coup-d'œil favorable à leurs étoffes ; bel exemple pour ceux qui voudront concourir avec eux chez l'Étranger.

Pour faire connoître ces apprêts, on fe croit dans la néceffité d'en traiter un peu en détail ; on ne prétend cependant pas donner affez de lumières à ceux qui n'ont jamais travaillé à la preffe à chaud : il faut, pour bien faire, avoir un habile ouvrier, qui connoiffe, par une longue habitude, la chaleur que demande la nature & la couleur de chaque étoffe, parce que fans cela les fautes que l'on pourra faire dégoûteront, & donneront mauvaife opinion de ces fortes de preffes.

Sur les PRESSES.

Les Anglois fe fervent, pour leurs étoffes de laine, de deux fortes de preffes, l'une à froid & l'autre à chaud; celle à froid eft pour les Draps fins, & l'autre pour les étoffes légères, qui exigent beaucoup de luftre & de coup-d'œil, comme les Serges, Calemandes, Malboroughs, &c.

On trouvera, à la fin de ce Mémoire, le modèle explicatif des pièces qui compofent une preffe à chaud: fa conftruction eft fort fimple & fans aucun affemblage de fer, comme elles en ont ordinairement, & fon jeu eft facile à comprendre.

En tirant la plaque de fer & le fourneau, elle pourra fervir pour une preffe à froid; pour lors on peut la faire plus grande ou plus petite, en obfervant feulement d'augmenter la force de la pièce de bois qui foutient l'écrou.

On a généralement plufieurs preffes, l'une à côté de l'autre, par conféquent la maçonnerie, deffinée fur le modèle à côté de la jumelle, devient inutile; mais il eft toujours néceffaire de laiffer un paffage libre à l'air, pour préferver le bois, & en prévenir la pourriture.

L'ufage des vis de fer eft très à recommander, car un homme feul ferre la preffe auffi fort que trois avec une vis de bois; d'ailleurs cette dernière n'eft guère moins coûteufe, vu qu'on eft obligé d'y employer une fi grande quantité de fer.

On

On obferve que le bas du fourneau doit être à rez-de-chauffée.

Opération de la preffe à chaud.

Les Châloons & Sempiternes font, en fortant de la rame, doublées fur leur largeur, & mis enfuite en cartons; les autres étoffes ne font pas doublées.

Si elles font trop sèches, ce qui peut arriver dans la grande chaleur, on les arrofe la veille avec de l'eau, ce qui, dans un temps humide, n'eſt pas néceſſaire. Si les étoffes qu'on ne met point à la rame font chiffonnées, on les roule très-ferme fur un rouleau, où on les laiſſe paſſer quelques heures, afin de pouvoir les mieux mettre en cartons.

Le carton doit être très-fin, & fa grandeur fuivant l'étoffe; ils font d'ordinaire de vingt-huit pouces de long fur dix-huit de large, & pour les étoffes plus étroites, de vingt-fix fur dix-huit. Plus le carton eſt léger, & plus la chaleur pénètre facilement au milieu de l'étoffe; le plus grand ne doit pefer que huit à neuf onces, & le plus petit à proportion : il ne peut cependant y avoir trop de carton, ni être trop luſtré. Les Anglois font, depuis peu, un carton à trois feuilles qui eſt de toute bonté, & que le fieur Holker tâche de faire imiter en France, car la fortie d'Angleterre en eſt expreſſément défendue.

Pendant qu'on met l'étoffe en cartons, on doit avoir

du feu dans le fourneau ; les Anglois y brûlent du charbon de terre, & pour cet effet, ils ont une che- minée derrière le fourneau ; ils se servent aussi d'une espèce de charbon qui ne rend aucune fumée & qui n'a point d'odeur, il est extrait de celui de terre, en le faisant brûler comme l'on fait le bois pour le réduire en charbon : ce dernier pourroit aussi servir, & pour lors la cheminée deviendroit inutile ; mais il n'importe de quelle espèce on chauffe la plaque, pourvu qu'elle le soit également, ce qui est facile à voir, en mouillant le doigt & le portant sur plusieurs endroits de la plaque, ou bien en y laissant tomber une goutte d'eau.

Il est très-important de savoir le degré de chaleur requis pour chaque couleur différente, car si la plaque étoit trop chaude, elle pourroit altérer la qualité de l'étoffe, & si elle étoit trop froide, elle ne donneroit pas assez d'apprêt.

La pièce étant mise en carton, & la plaque parvenue à son degré de chaleur, on met au fond de la presse un ou deux cartons fort épais, tout brutes ; si la plaque est trop chaude, on peut asperger ces cartons, & mettre par-dessus un autre carton sec, pour diminuer la trop grande chaleur : l'on entre alors la pièce dans la presse, l'on applique dessus deux ou trois plateaux, espèces de tablettes à l'usage des presses, & on la serre autant que l'on peut à deux personnes.

Quand la pièce a resté en cet état vingt ou vingt-cinq

minutes, relativement à l'épaiffeur de l'étoffe & à la chaleur de la plaque, on defferre la preffe, & on tire la pièce fur une petite table, portant à quelques lignes plus bas que la plaque; on la tourne de l'autre côté, pour la remettre fur la plaque, & enfuite on refferre la preffe comme auparavant.

La pièce étant apprêtée on la retire, &, fans en ôter les cartons, on la met entre deux plateaux, fous la preffe à froid, où elle refte jufqu'à ce qu'elle foit refroidie.

On obferve qu'il faut tenir la preffe toujours bien ferrée, car pour peu que l'étoffe prît l'air, elle courroit rifque de perdre de fon luftre.

On continuera de répéter la même opération à d'autres pièces, & à mefure qu'elles fortent de la preffe à chaud, on les met dans celle à froid, qui doit être beaucoup plus haute, pour pouvoir tenir quinze ou vingt pièces à la fois.

Les Anglois ne mettent prefque jamais une pièce deux fois à la preffe; elles n'en font que plus fermes, car la répétition en diminue la carte, & ne lui donne pas beaucoup plus de luftre; d'ailleurs leur carton eft fi fin qu'on n'en voit guère les plis.

Les plateaux doivent être faits de planches d'aune, car ce bois, très-léger d'ailleurs à la main, réfifte au feu plus que tout autre: il faut auffi qu'ils foient de quelques pouces, en long & en large, plus grands que les cartons,

& qu'ils portent quinze lignes d'épaiſſeur. Plus le bois
eſt ſec, & mieux il réſiſte.

Du *PLIAGE des Sempiternes.*

Les Sempiternes, au ſortir de la preſſe chaude, où
elles ſont déjà pliées ſur leur longueur, ſe plient ſur des
Bayettes à dix-huit pouces de large, & ſont pointées
en ſoie de neuf pointes, ſavoir, trois à chaque bout
& trois au milieu.

Les Anglois enveloppent de papier chaque pièce,
& laiſſent ſortir le plomb doré, comme aux Bayettes,
excepté qu'on ne la met point à la preſſe.

Ils collent enſuite, ſur chaque pièce, un carré de
papier de ſix pouces de long ſur quatre & demi de large,
empreint aux armes de Londres, avec une inſcription qui
exprime, en langue Eſpagnole, *Fabrique de Londres.*

Chaque balle eſt accompagnée de deux cartes d'é-
chantillons.

DES CHÂLOONS.

Il s'en fabrique de deux eſpèces en Angleterre, qui
ne diffèrent entre elles que par les comptes.

Il ſe fait une grande conſommation de l'une & de
l'autre eſpèce en Eſpagne, où elles ſont fort recherchées; en Portugal & au Levant, où tout le monde s'en
ſert pour faire des doublures d'habits.

N.° 1. Le Châloon commun doit être monté dans

un rôt de trente-trois pouces de large, avoir deux mille
feize fils ou foixante-douze portées de vingt-huit fils;
la chaîne doit être ourdie de vingt-cinq aunes de long,
pour fortir du métier à vingt-quatre & demie, &, de
retour du foulon ou plutôt du dégraiffage, vingt-trois
aunes & demie, & trente-trois ou trentre-trois pouces,
& demi de large.

Le prix eft de trente-cinq à trente-huit livres la pièce,
fuivant la confommation.

La feconde efpèce, N.° 2, doit avoir la même longueur
& la même largeur, au fortir du foulon, que la première;
elle eft montée fur deux mille trois cents quatre-vingts
fils, divifés en quatre-vingt-cinq portées de vingt-huit
fils chacune.

Le prix eft de cinquante à cinquante-cinq livres.

Les dents du rôt doivent être très-polies, & divifées
également & en proportion de la fineffe de la chaîne,
de manière que les fils puiffent paffer aifément. Il faut
auffi que les lames foient compofées d'un fil de bonne
nature, & d'une fineffe proportionnée à la qualité de la
chaîne : le fil de ces lames doit être partagé le plus égal
qu'il eft poffible de faire, parce qu'autrement il engorge
les fils de la chaine & les fait caffer.

On obferve que la chaîne & la trame de ces étoffes
doivent être de laine peignée, d'une qualité très-fine,
foyeufe & longue, particulièrement celle de la chaîne
N.° 2, autrement elle ne pourroit réfifter au métier.

il faut auffi que la laine de la chaîne foit plus torfe que celle de la trame.

La chaîne & la trame doivent être prefque de la même fineffe, & il faut bien en coller les chaînes, avant que de les monter fur le métier.

La tiffure de ces étoffes eft croifée, & fe fait de même que celle des Sempiternes; elles ne doivent avoir de poil d'aucun côté, ne pouvant être trop rafes; elles doivent être travaillées en gras, & paffent au foulon pour y être feulement dégraiffées.

On ufe pour les Châloons, pour les poils jars, la teinture, les rames & la preffe chaude, des mêmes procédés que pour les Sempiternes, en obfervant toutefois de ne les point trop tirer fur les rames.

Il fe confomme beaucoup de ces étoffes en Blanc; elles fe blanchiffent de la même manière que les Bayettes: on a donné ci-devant les procédés du blanc: en proportionnant la quantité de favon & autres ingrédiens, à la quantité de livres de poids des étoffes, de la même manière qui a été expliquée à l'article des Bayettes: on peut blanchir à la fois trois ou quatre pièces de Châloons.

On obferve enfin que plus elles font légères, & plus elles font recherchées: & quelque légèreté qu'on leur donne, elles doivent toujours avoir le même nombre de portées & de fils en compte.

L'on paye en Angleterre, pour le foulage ou

plutôt dégraiffage d'une pièce de Châloon , & ra-
mage . . . .   //   8ᶠ
Pour teinture des couleurs ordinaires.   1ᴸ 16.
Pour Bleu, Vert & Noir. . . . . . .   2. 18. ou   3ᴸ
Pour Écarlate, fuivant la nuance. . .   17. // à 22.
Pour apprêts de preffes chaudes ,
     pliage & papier . . . .   //   16.

Il eft à craindre qu'on ne puiffe teindre ni apprêter
pour le même prix en France, eu égard à la grande
cherté du charbon ; mais en fuivant la manière de
dégraiffer que l'on va recommander, le gain que l'on
fera fur l'aunage pourroit payer tous les apprêts.

OBSERVATION *fur le foulage des Serges.*

On fait fouler beaucoup trop les Serges de France,
& on perd fur chaque pièce deux aunes à deux aunes
& demie fur la longueur, & en proportion fur la largeur,
ce qui rend l'étoffe trop épaiffe, & lui fait perdre la
beauté de fon croifé.

Le fieur Holker vient de trouver une méthode plus
fimple, & moins coûteufe, pour les dégraiffer.

Voilà fon procédé. Les pièces doivent être bien
afpergées de vieille urine ; la plus corrompue eft la
meilleure : cette opération eft facile à faire par deux
perfonnes, l'une tire & alonge les pièces fur le plancher,
pendant que l'autre les afperge également.

On jette enfuite les pièces dans un coin, & on les y laiffe douze à quatorze heures, jufqu'au lendemain, que la fomentation de la graiffe & de l'urine a échauffé les Serges, au point que la main fente une douce chaleur.

On prend alors deux ou trois pièces, on les jette dans le baquet deftiné à blanchir les étoffes; on jette deffus cinq à fix feaux d'eau bouillante, avec environ un quart & demi de boiffeau de fon de froment, & on fait fouler les pièces à la main pendant dix à douze minutes, de la même manière que l'on procède au blanchiffage: on les retire, on jette l'eau & le fon, & on recommence la même opération pour les autres pièces.

Cette méthode eft infiniment meilleure que le foulage, & l'étoffe perd très-peu de fa longueur & de fa largeur, devient plus foyeufe de beaucoup, & eft plus propre pour la doublure des habits.

Le fieur Holker recommande auffi, de faire paffer au foufre toutes les Serges teintes en Bleu-clair, après qu'elles ont été bien lavées & dégouttées; cela donne beaucoup d'éclat & de luftre à l'étoffe, & la prépare beaucoup mieux pour l'opération de la preffe chaude.

Du *PLIAGE des Châloons.*

Les Châloons font doublés, fur leur longueur, comme les Sempiternes, puis roulés fur une planche de fapin très-mince, de trois à quatre pouces de large,

ainfi

ainfi qu'il fe pratique pour nos étoffes de foierie : on les emballe enfuite en papier & en toile, pièce à pièce, & on laiffe paffer le plomb comme aux Sempiternes.

Il faut obferver d'ajouter, à chaque balle, deux cartes d'échantillons.

OBSERVATIONS

SUR LA FILATURE EN GÉNÉRAL.

1.° Il feroit avantageux de faire filer dans les endroits éloignés de toute manufacture, parce que le prix de la main-d'œuvre de la filature doit y être à meilleur marché, & d'y faire filer particulièrement la laine peignée, dont la main-d'œuvre eft plus chère.

2.° Il conviendroit auffi que dans les endroits où l'on fera des établiffemens de filature, on engageât les Fileufes à dévider leurs fils en écheveaux, & pour cet effet, à fe fervir du dévidoir en compte réglé, parce que cela rendroit aux Fabricans, l'achat des fils beaucoup plus facile : en effet, ils fauroient quel nombre d'éche-veaux il y auroit dans une livre de laine, relativement aux différens degrés de fineffe, & par conféquent combien il leur en faudroit de chaque efpèce, pour compofer une chaîne d'une fineffe, d'une longueur & d'un poids quelconque.

Il en feroit de même pour la trame.

Enfin ils connoîtroient, par le moyen de ces

dévidoirs, le prix d'une étoffe avant qu'elle fût fortie du métier, parce qu'ils fauroient combien il y doit entrer de laine, tant en chaîne qu'en trame.

Ils pourroient s'adreffer à des Correfpondans, dans les lieux où fe feroit la filature, & ils ne le peuvent faire préfentement, parce qu'il n'y a aucune règle qui puiffe leur indiquer la fineffe de la filature, fi ce n'eft dans les endroits où l'on file pour la draperie; mais leur dévidoir n'eft nullement propre pour la filature des laines peignées & des autres matières. Les Fileufes elles-mêmes y trouveroient beaucoup plus d'avantages, elles parviendroient par - là à connoître le degré de fineffe dans lequel on pourroit defirer qu'elles filaffent; elles pourroient auffi plus aifément fixer le prix du falaire dû à leur travail, fuivant fa qualité & fineffe, parce que ce feroit par le nombre des écheveaux, que l'on exigeroit qui fe trouvaffent dans chaque livre de laine qu'on leur donneroit à filer, qu'elles fc détermineroient fur le prix de la filature.

On a déjà diftribué de ces dévidoirs dans toutes les Généralités ; on en fait ufage dans les filatures pour les Mouffelines & les Cotons, & dans divers ateliers en Bourgogne & en Berri, & dans d'autres Provinces.

Il feroit à fouhaiter que dans les Généralités où la filature eft déjà établie, foit de chanvre, fil ou coton, on ne manquât point, fi on ne peut réformer les dévidoirs, comme on fe le propofe, de leur donner du moins la même circonférence.

Si l'on pouvoit s'imaginer combien de tort la différence du contour des dévidoirs, caufe dans les opérations de la teinture & des apprêts, on ne manqueroit pas d'y apporter remède.

On eft obligé de tordre, à plufieurs reprifes, le coton, &c. pour en exprimer l'eau ou la teinture, afin que dans l'opération fuivante il puiffe mieux prendre la teinture ou l'apprêt ; mais quelques écheveaux fe trouvant toujours plus longs les uns que les autres, malgré les foins de ceux qui font chargés de l'affortiment, il eft impoffible d'en exprimer l'eau également ; par conféquent celle qui refte mouillée prend beaucoup moins la teinture ou l'apprêt, & ne peut être de la même nuance ; ce qu'il feroit facile d'éviter, le contour des dévidoirs étant égal.

Le changement qu'on propofe doit trouver d'autant moins d'obftacle, qu'il ne peut occafionner aux Fileufes ni plus de travail, ni plus de foin ; & pour la valeur de douze livres par Paroiffe, on pourra corriger tous les dévidoirs de la Normandie.

Il eft vrai qu'une pareille réforme pourroit occafionner un peu d'embarras, mais fi ceux qui font à la tête des affaires en reconnoiffent l'utilité, toute difficulté difparoîtra.

G ij

OBSERVATIONS

Sur la TONTE des Moutons, & le LAVAGE de la Laine.

COMME je viens de parler des Manufactures de lainages, je crois qu'il est à propos d'insérer à la fin de ce Mémoire, quelques réflexions que je regarde comme très-importantes sur l'article des laines; & il seroit à desirer que M.^{rs} les Intendans les rendiffent publiques dans leur Généralité; car si on veut concourir avec les Anglois dans le commerce des lainages, il faut tâcher de se conformer à leurs opérations, si elles font meilleures que les nôtres, pour perfectionner la qualité de nos laines.

Je n'examinerai point si c'est l'espèce des moutons, ou le choix de leur nourriture, qui produit la qualité des laines Angloifes, je laiffe ceci à éclaircir & décider par les Savans; je peux cependant avancer, avec con-noiffance, que lorfque le mouton est nourri avec des herbes courtes & douces, fa toifon est plus garnie, plus longue & plus foyeufe; & si au contraire il est mal nourri, il dégénère, fût-il de la meilleure race du monde, & fa toifon devient, par la fuite, d'une très-mauvaife qualité.

Je me bornerai à faire quelques obfervations fur les

uſages que j'ai remarqués dans différentes Généralités ; ſavoir ,

Sur la façon dont on y lave la laine, avant & après la tonte ; & j'expliquerai enſuite la manière dont ce lavage ſe pratique en Angleterre, laquelle eſt infiniment meilleure qu'en France, où l'on opère de différentes façons dans la même Généralité.

Les uns lavent la laine ſur le dos du mouton, & ils ſont en petit nombre ; les autres la tondent ſans la laver, & la portent au marché pour être vendue en toiſon, dans toute ſon ordure, aux Fabricans & aux Marchands, en ſorte qu'il eſt très-difficile de connoître ſa vraie valeur.

Les Marchands, de leur côté, uſent auſſi de ruſe pour tromper les Fabricans ; ils lavent leur laine à la vanne, & ſi l'eau eſt claire, ils la font troubler, afin que le ſable qui s'élève ſur l'eau augmente le poids de la laine ; ils collent enſuite deux toiſons enſemble, pour dérober cette manœuvre à l'attention du Fabricant, & lui faire croire que la toiſon eſt meilleure qu'elle n'eſt en effet.

Il n'eſt pas aiſé de remédier à ces défauts, car le fripon eſt toujours plus ruſé que l'honnête homme ; ſi cependant le Conſeil rendoit une ordonnance, qui annullât tous marchés faits frauduleuſement dans la vente des laines, elle pourroit prévenir tous procédés de cette nature, & empêcher les procès, qui ſouvent en

G iij

réfultent, lorfque le vendeur refufe de reprendre fa marchandife, trouvée défectueufe.

L'ufage d'Angleterre, avant d'y faire tondre les moutons, eft toujours de les faire laver dans une eau courante, de telle forte que la laine foit claire & nette jufqu'à la peau : cette opération fe fait à la fin de Juin ou au commencement de Juillet, dans un temps clair & ferein.

Après que les troupeaux font bien lavés, on les mène dans un endroit bien propre, & on les expofe à l'ardeur du Soleil, pour les faire fuer, afin de communiquer leur graiffe à leur toifon ; ce qui rend la laine plus douce, & lui donne une qualité plus forte que fi le mouton eût été tondu fans l'avoir fait fuer.

Il eft aifé de juger que, par ces opérations, on procure à la laine une meilleure qualité, & qu'on en retire encore l'avantage de pouvoir la garder fans qu'elle fe gâte ; car fi la laine refte long-temps dans fon ordure, elle eft fujette à s'échauffer : on évite auffi toutes efpèces de fraudes, conféquemment toutes tracafferies entre les Marchands & les Fabricans, & ces derniers font alors fûrs de n'être point trompés, puifqu'ils achettent toutes les laines au poids.

Enfin le tranfport & les droits, fi elles y font fujettes, font moins confidérables, puifqu'elles font nettoyées de leur ordure.

Je n'imagine cependant pas que les laines foient

affujéties à aucuns droits; fi cela eft, il feroit à defirer
qu'on voulût bien en procurer l'affranchiffement; car
il eft néceffaire que nous jouiffions de tous les privi-
léges poffibles, pour pouvoir entrer en concurrence
avec l'Anglois.

EXPLICATION DES FIGURES.

PLANCHE I.

A A A, Baquet, vu de profil en coupe, en face & en plan.

B B B B, Pilon dans le baquet, vu de profil, de face, ifolé, en
plan, par-deffus & par-deffous, où font marquées les
graduations des rainures qui font retourner l'étoffe
dans le fond du baquet.

C C, Gaules, vues de profil & en plan.

D D, Point où les gaules font fixées au plancher.

E E E, Point d'appui des gaules, d'où part leur élafticité.

F F, Main donnant le mouvement au pilon, vue de profil &
de face.

G G, Corde qui accroche le pilon aux gaules élaftiques, vue
de profil & de face.

H H H, Support des gaules, tenant d'un bout au plafond, & de
l'autre enclavé dans la muraille, vu de profil, de
face & en plan.

PLANCHE II.

NOMS des pièces qui compofent la PRESSE.

A, Jumelles, vues de face & de profil.

B, Pièce de bois, dans laquelle eft affemblé l'écrou & qui en porte
le nom, vue de face & deffous.

C, Manteau, vu de face & deffus, avec fa crapaudine, & le plan
du chevalet.

D, Table ou plate-forme, vue en face & de plan, sur laquelle est le plan du fourneau.

E, Sommier vu de face, & son assemblage.

F, Sommier vu sur une autre face.

G, Enchevêtrure pour clorre la presse & raccorder le pavé, vue en plan & élévation.

H, Les supports, vus en plan & élévation.

I, Plan des jumelles dans leurs issues.

&, Rainure aux jumelles, & languette au manteau.

K, Écrou, vu de profil, en plan & élévation.

L, Vis en petit toute montée, & en grand par partie.

M, Noix.

N, Pivot.

O, Chevalet monté, garni de ses clavettes, en grand & en petit.

P, Grande clavette.

Q, Petite clavette.

R, Plan de la vis & de sa noix.

S, Crapaudine vue en plan & élévation.

T, Chenet à deux branches, vue en plan, profil & élévation.

V, Chenet à une branche, vue en plan, profil & élévation.

U, Foyer en tuilaux.

X, Clôture du fourneau, vue de plan, profil & élévation.

Y, Plaque de fer, vue de face & en plan.

Z, Pierre de taille posée sur la table pour porter les chenailles.

Æ, Maçonnerie pour porter les jumelles.

Œ, Maçonnerie pour soutenir les terres & porter le chevêtre.

F I N.

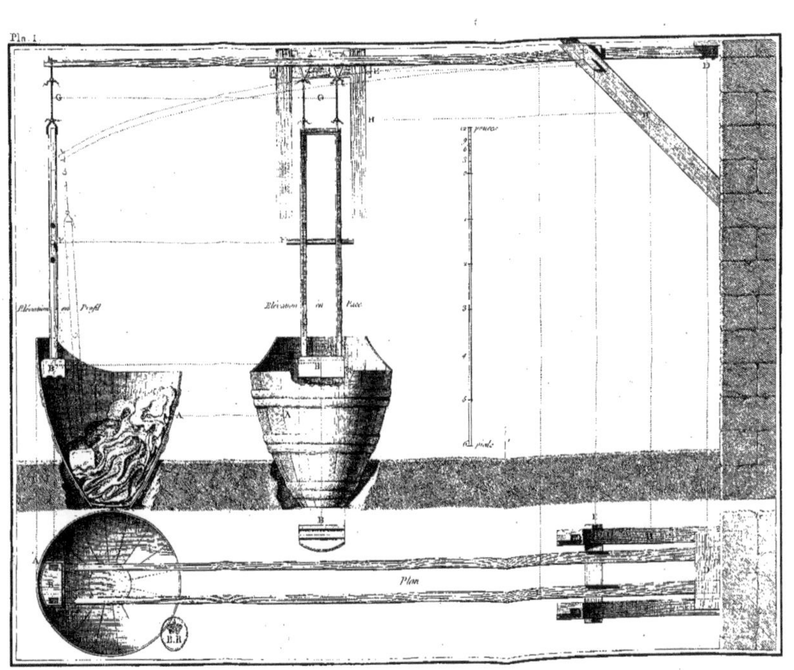

Pl. I.
Élévation ou Profil
Élévation en Face
en pouces
pieds
Plan

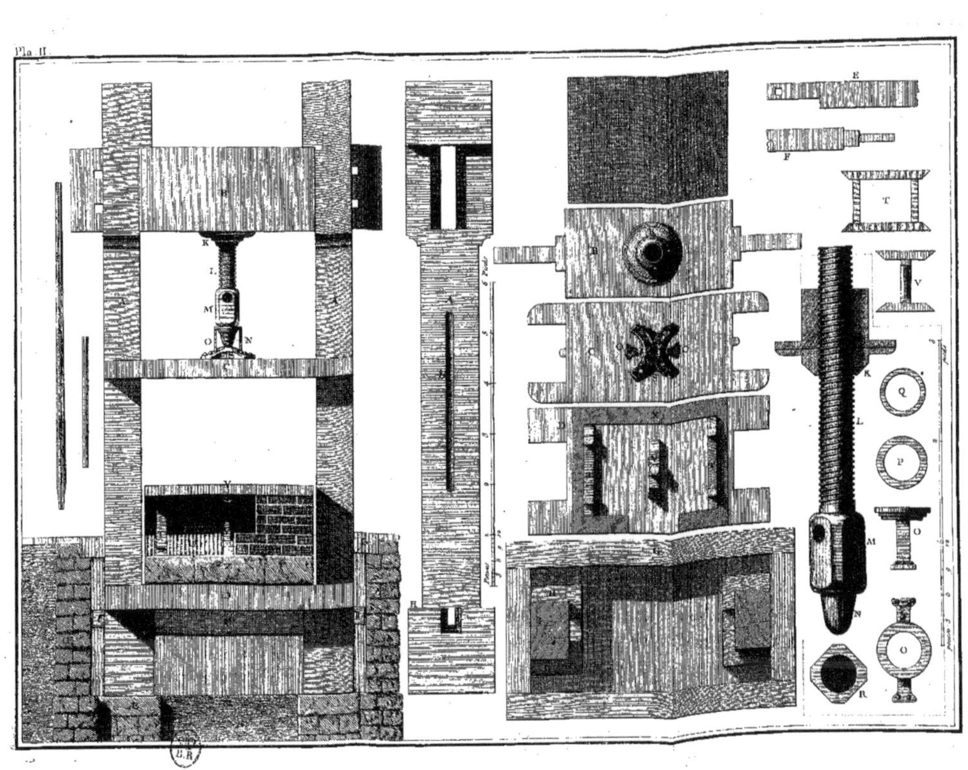
Pl. II.